BEI GRIN MACHT SICH IHR
WISSEN BEZAHLT

Bibliografische Information der Deutschen Nationalbibliothek:

Die Deutsche Bibliothek verzeichnet diese Publikation in der Deutschen National-bibliografie; detaillierte bibliografische Daten sind im Internet über http://dnb.d-nb.de/ abrufbar.

Impressum:

Copyright © 2015 GRIN Verlag, Open Publishing GmbH
Druck und Bindung: Books on Demand GmbH, Norderstedt Germany
ISBN: 978-3-668-12604-6

Dieses Buch bei GRIN:

http://www.grin.com/de/e-book/313548/funktionen-und-funktionales-denken-der-funktionsbegriff-frueher-und-heute

Johannes Kraft, Lukas Bion, Laura Herbst

Funktionen und Funktionales Denken. Der Funktionsbegriff früher und heute

GRIN Verlag

GRIN - Your knowledge has value

Der GRIN Verlag publiziert seit 1998 wissenschaftliche Arbeiten von Studenten, Hochschullehrern und anderen Akademikern als eBook und gedrucktes Buch. Die Verlagswebsite www.grin.com ist die ideale Plattform zur Veröffentlichung von Hausarbeiten, Abschlussarbeiten, wissenschaftlichen Aufsätzen, Dissertationen und Fachbüchern.

Besuchen Sie uns im Internet:

http://www.grin.com/

http://www.facebook.com/grincom

http://www.twitter.com/grin_com

Johannes Gutenberg-Universität Mainz

Fachbereich 08: Physik, Mathematik und Informatik

Institut für Mathematik

Seminar: Ausgewählte Probleme des Mathematikunterrichts in der Sekundarstufe II

Sommersemester 2015

Funktionen und

Funktionales Denken

Referenten:

- Johannes Kraft
- Laura Herbst
- Lukas Bion

Inhalt

1. Einleitung

In der Seminarstunde zu dem Thema Funktionen und Funktionales Denken wurden hauptsächlich die historische Entwicklung des Funktionsbegriffs, die heutige Verwendung von Funktionen und ihre Einführung in der Schule betrachtet. Um diese Themen zu behandeln wurde vorab eine Hausaufgabe gestellt, die die Kommilitonen mit Aufgaben aus der Schule konfrontierten und die einen Einblick auf den Ablauf der historischen Entwicklung gaben. Die Stationenarbeit verfolgte die gleiche Intention und komplettierte die Hausaufgabe. Das Referat über das heutige Verständnis von Funktionen und Funktionalem Denken, gab zudem einen Einblick in den Lehrplan und den Einsatz in der Schule.

2. Gestellte Hausaufgabe

Die Überlegungen für ein Hausaufgabenblatt als vorbereitende Auseinandersetzung mit dem Thema Funktionen und Funktionales Denken gingen in zwei verschiedene Richtungen: Einerseits könnten die Aufgaben derselben Art sein, wie man sie häufig in der Schule wiederfindet. Andererseits wäre es möglich, die Teilnehmer mit einer Beispielaufgabe zur historischen Verwendung von Funktionen und funktionalen Zusammenhängen zu konfrontieren und die Unterschiede zu den heute gängigen Aufgabentypen erarbeiten zu lassen. Zwei der vier Aufgaben sind so ausgewählt, dass sie eindeutig schultypischer Art sind. Bei diesen Aufgaben geht es darum, die Funktion zu untersuchen, in Darstellungsformen zu wechseln und im Grunde mathematische Vorschriften anzuwenden, ohne ein wirklichen Ertrag zu haben, außer dass die Aufgabe gelöst wurde. Die Intention diese abzudrucken war, dass die Kommilitonen durch das Bearbeiten dieser Aufgaben in das gängige Schema zurückversetzt werden und in der Seminarstunde durch das Bearbeiten der historischen Stationen die Differenzen besser erkennen können. Aufgabe 1 und Aufgabe 3 der Hausaufgabe hingegen hebt sich von diesem Schema etwas ab. Hier stehen der intentionale Umgang mit Zusammenhängen und das Übertragen in die graphische Darstellungsweise im Vordergrund. Insgesamt sollte die Hausaufgabe also dazu dienen, sich die Arbeitsweise mit Funktionen aus der Schule zu vergegenwärtigen, um deren Charakteristika mit denen der historisch-intentionalen Aufgaben zu vergleichen.

3. Historische Entwicklung des Funktionenbegriffs und Anwendung von Funktionen
   früher

Schauen wir in der Geschichte zurück, so entdecken wir schon sehr früh Varianten des heutigen Funktionen Begriffes. Zu frühen Zeiten hießen diese allerdings noch nicht Funktionen.

Die früheste Entdeckung ist eine Steintafel, die Plimton 322 genannt wird. Dies ist eine tabellarisch dokumentierte Funktion von 1900-1600 v.Chr. der Babylonier. Hier wird eine Rechnung im Sexagesimalsystem gezeigt. Dies ist ein Zahlensystem, das zur Basis 60 rechnet. In dieser frühen Phase waren Funktionen also einfache proportionale Zusammenhänge.

In der Antike sind Funktionen kinematische Kurven, die Bewegungen darstellen. Als Beispiel findet sich hier de Trisectrix von Hippias von Elis (Abbildung1). Diese zeigt eine gekoppelte Bewegung von Rotation und Translation. Mit Hilfe dieser Zeichnung konnte man näherungsweise π konstruieren. Ein Beispiel für eine kinematische Kurve ist die Hippopede von Eudoxos (Abbildung2). Diese zeigt die Planetenbahnen an der Himmelskugel. So lässt sich zusammenfassen, dass Funktionen in dieser Phase oft Bewegungskurven waren.

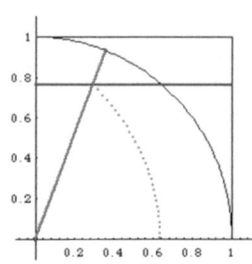
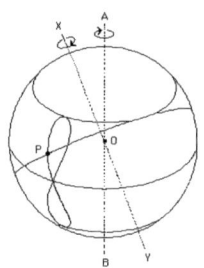

Ein Beispiel für eine Funktion im Mittelalter ist Zodiac. Dies ist die erste grafische Darstellung einer zeitabhängigen Funktion. Sie zeigt die Planetenbahnen im Tierkreis. Hier wurden das erste mal veränderbare Werte in einem Zeitzusammenhang dargestellt. Zwischen

---

[1] Nach https://upload.wikimedia.org/wikipedia/commons/thumb/4/40/QuadratrixHippias.svg/2000px-QuadratrixHippias.svg.png
[2] http://www-groups.dcs.st-and.ac.uk/~history/Diagrams/Eudoxus.gif

den verschiedenen Kurven besteht allerdings kein zeitlicher Zusammenhang. Die Zeitachse muss für jede Planetenbahn anders interpretiert werden.

In der Neuzeit waren Funktionen erstmals durchgezogene Linien. Leonardo da Vinci führte rechtwinklige Koordinaten in der Darstellung ein. Weiter erfindet John Napier die Logarithmen und berechnet Logarithmentafeln. Viète für Buchstaben für un-/bekannte Größen ein. Das Wort „Funktion" verwendete erstmals Leibniz und Bernoulli gab eine erste Definition des Funktionen Begriffes: Eine Funktion einer veränderlichen Größe ist ein Ausdruck, der Konstante und veränderliche Größe in einen Zusammenhang bringt.

Zusammenfassen lässt sich, dass Funktionen von den Babyloniern bis ins Mittelalter Hilfsmittel waren um bestehende Probleme zu lösen, ohne dabei den Begriff selbst zu definieren oder sich über seine Bedeutung bewusst zu sein. Erst in der Neuzeit bildete sich ein definierter Begriff der Funktion.

4. Funktionen und Funktionales Denken – Heute

4.1. Darstellungsweisen von Funktionen und deren didaktischen Funktionen

Es gibt unterschiedliche Darstellungen von Funktionen, welche zum Teil unterschiedliche Lerntypen anspricht und das Augenmerk auf andere Aspekte lenkt. Einige Darstellungsweisen stehen in engem, andere in weitem Bezug zueinander und verfolgen unterschiedliche didaktische Funktionen.

Funktionen können in Textform gegeben sein. Dann sind sie meist implizit gegeben und geben oft ein Beispiel oder Problem aus dem Alltag wieder. Nicht immer wird direkt erkannt, dass es sich um eine Funktion handelt. Diese Eigenschaft kann oft auch gewollt sein um ein Gespür für solche funktionalen Zusammenhänge zu erkennen.

In Wertetabellen dargestellte funktionale Zusammenhänge zeigen die Zugehörigkeiten der einzelnen Werte zueinander, es wird dann aber oft übersehen, dass auch funktionale Zusammenhänge zwischen nicht aufgelisteten Werten besteht. Der Zuordnungscharakter, in Form von punktweiser Zuordnung, wird besonders in einer waagrechten Tabelle deutlich. Das Änderungsverhalten wird hingegen in einer senkrechten Tabelle offensichtlicher. Dabei wird der dynamische Prozess offensichtlich. Dies wird insbesondere bei der Dreisatzrechnung, bei

Wachstumsprozessen sowie bei dem Änderungsverhalten von Funktionen in der Differentialrechnung betrachtet.

Der Graph einer Funktion zeigt die Funktion als Ganzes. Es zeigt, dass jeder einzelne Wert einem anderen zugeordnet wird, welchem genau, wird nicht unbedingt offensichtlich. Dies wird auch nicht zwangsläufig angestrebt. Die didaktische Funktion setzt den Schwerpunkt auf dem Abhängigkeitsverhältnis der Größen. Bei dieser Art der Darstellung werden vor allem visuelle Lerntypen angesprochen, die sich einen Verlauf des Grafens besser merken und interpretieren können.

Funktionsgleichungen können implizit oder explizit gegeben sein, wobei beide Gleichungen einfach in die jeweils andere umgeformt werden können. Bei der expliziten Darstellung von Funktionsgleichungen wird der Zuordnungscharakter deutlicher als bei der impliziten Darstellung, welche den Gleichungscharakter in den Vordergrund stellt. Beim Zuordnungscharakter wird vor allem die Abhängigkeit des y-Werts vom x-Wert deutlich und bildet seine didaktische Funktion.

Die Pfeilschreibweise ist eine symbolische Darstellungsweise der Funktion in der Form x -> y, bei der die Zuordnung ausgehend vom x-Wert zum y-Wert deutlich wird. Auch der genaue Zusammenhang zwischen den Größen wird offensichtlich (Bsp.: x -> 2x).

Das Pfeildiagramm ist eine ikonische Darstellungsweise einer Funktion, da im Pfeildiagramm die Werte der Definitionsmenge mit den zugehörigen Werten der Zielmenge verbunden werden. Der Zuordnungscharakter ist die bedeutendste didaktische Funktion des Pfeildiagramms.

(vgl. Hilbert, A (1982);Vollrath, H.J. (1989); Vollrath, H.J. (1979))

4.2. Funktionales Denken

„Funktionales Denken ist eine Denkweise, die typisch für den Umgang mit Funktionen ist" (S.5, Vollrath, H.J. (1989)) so charakterisiert Vollrath das Funktionale Denken. Er will das Funktionale Denken allerdings nur als didaktischen Begriff etablieren, wenn das Funktionale Denken eine Aufgabe der Didaktik ist. Dabei ist in Anlehnung an seine Charakterisierung von Funktionalem Denken der kognitive Umgang mit Funktionen von zentraler Bedeutung. Er schließt die Abbildungsgeometrie vom Funktionalen Denken aus, da sie seiner Meinung in

einer anderen didaktischen Konzeption vertreten ist. Vollrath untergliedert das Funktionale Denken in „Denken mit Funktionen", in „Durch Funktionen Situationen erfassen und beherrschen" sowie in „Funktionales Denken als Erkennen".

Mit „Denken mit Funktionen" werden vor allem drei wichtige Aspekte hervorgehoben. Erstens beschreiben Funktionen immer Zusammenhänge zwischen Größen, zweitens erfasst man durch Funktionen, *„wie Änderungen einerGröße sich auf eine abhängige Größe auswirken"*(S. 12, Vollrath, H.J. (1989)) und drittens betrachtet man mit Funktionen den Zusammenhang zwischen den Größen als Ganzes.

Unter dem Gliederungspunkt „Durch Funktionen Situationen erfassen und beherrschen" will Vollrath vier Grundphänomene abdecken, die nicht nur Alltagssituationen sondern auch innermathematische Situationen beinhalten. Zu den Grundphänomenen gehören die „Vorgänge" „, die auf Funktionen der Zeit führen" (S. 19, Vollrath, H.J. (1989))und „Messungen", die Größen Zahlen zuordnen. Zudem zählen „Operationen" dazu, die „als Änderung von Größen betrachtet, bei denen jeweils einer Größe eine andere der gleichen Art eindeutig zugeordnet ist." (S. 19, Vollrath, H.J. (1989)) Als viertes werden „Kausalitäten" genannt, welche als „Beziehungen zwischen verschiedenartigen Größen, die als kausale Zusammenhänge gedeutet werden können." (S. 19, Vollrath, H.J. (1989))

Bei „Funktionales Denken als Erkennen" zählt Vollrath die „Funktionalen Beziehungen" auf, unter die die Grundvorstellung der kausalen Abhängigkeit von Funktionen fällt. Zweitens nennt er die „Funktionale Begriffsbildungen", da mithilfe der Funktionen als Werkzeuge wesentliche Begriffe gebildet werden, wie den „der Ableitung, des unbestimmten Integrals, der Geschwindigkeit, der Dichte, der Arbeit usw." (S. 28, Vollrath, H.J. (1989)). Drittens nennt er „Funktionale Argumentationen" die vor allem über den Graphen getätigt werden können. Als viertes zählt Vollrath die „Funktionen als kognitive Modelle" auf, unter denen er mathematische Gegenstände sieht, welche natürliche Gegebenheiten abbilden. (vgl. Vollrath, H.J. (1989))

Zusammenfassend kann man sagen, dass man Probleme beim Funktionalen Denken mithilfe von Funktionen versucht zu lösen.

4.3. Funktionen in der Schule

In der Schule wird nur eine kleine Anzahl an Funktionstypen behandelt, welche im Lehrplan aufgelistet sind. Im Folgenden soll eine kleine Übersicht aus dem Lehrplan von Rheinland-Pfalz gegeben werden, in der die Behandlung von Funktionalem Denken und Funktionen in der Schule genannt werden.

In der Orientierungsstufe soll eine Funktionale Sichtweise in mehreren Bereichen vorbereitet werden. In dem Bereich Zahl und Zahlbereiche sollen Veränderungen genauer untersucht und betrachtet werden. Beim Messen und Größen sollen Formeln für die Flächeninhalte verstanden und entwickelt werden und vor allem deren Abhängigkeit von den verschiedenen Variablen deutlich werden. Im Bereich Raum und Form sollen Figuren gespiegelt und gedreht werden und im Bereich Daten und Zufall sollen Daten graphisch dargestellt werden.

In der Klassenstufe 7 und 8 im L4: Funktionaler Zusammenhang: Zuordnungen und Funktionen sollen Zuordnungen aus dem Alltag in verbaler, tabellarischer und graphischer Darstellungsform erläutert werden. Zudem sollen die Schülerinnen und Schüler eindeutige Zuordnungen als Funktionen benennen und Funktionsterme aufstellen können. Außerdem sollen sie proportionale und antiproportionale Zuordnungen erkennen, sowie lineare und antiproportionale Funktionen aufstellen können. Auch können die Schülerinnen und Schüler charakteristische Eigenschaften linearer Funktionen aufzählen und verwenden können.

In der Klassenstufe 9 und 10 im L4: Funktionaler Zusammenhang: Nicht-lineare Funktionen werden die Funktionstypen quadratische Funktionen, Potenzfunktionen, Exponentialfunktionen und trigonometrische Funktionen behandelt. Quadratische Funktionen sollen in den unterschiedlichen Darstellungsweisen, also in Form von Tabellen, Graphen und Funktionstermen, erkannt, unterschieden und genutzt werden. Zudem sollen kennzeichnende Eigenschaften einer Parabel, wie die Symmetrie, Nullstellen, Scheitelpunkt, Definitions- und Wertemenge, erkannt und benannt werden. Außerdem soll die Umkehrfunktion, also die Wurzelfunktion, mit ihrem eingeschränkten Definitionsbereich, als Spiegelung des Graphen an der ersten Winkelhalbierenden, interpretiert werden. Bei Potenzfunktionen sollen kennzeichnende Eigenschaften am Graph und Funktionsterm und deren Beziehung sowie das Erkennen von Monotonie und Einzeichnen von Asymptoten und deren Bedeutung von den Schülerinnen und Schülern verstanden werden. Exponentialfunktionen sollen in Verbindung mit Wachstums- und Zerfallsprozessen gebracht werden und eine Verbindung zwischen Graph und Funktionsterm hergestellte werden können. Die Logarithmusfunktion soll als

Umkehrfunktion der Exponentialfunktion erkannt werden. Bei den trigonometrischen Funktionen sollen die Kreisbewegungen im Vordergrund stehen und deren Deutung am Einheitskreis, deren Symmetrie und deren Periode analysiert werden.

(vgl. RLP Mathematik Sekundarstufe I)

In der Sekundarstufe II werden auf unterschiedlichem Niveau folgende Themengebiete sowohl im Leistungs- als auch im Grundkurs behandelt. Am Anfang werden jedoch die notwendigen Grundlagen wiederholt, wie Lösen von linearen Gleichungen mit zwei Variablen, Definition des Funktionsbegriffs und Darstellungen von Funktionen sowie lineare und einfache quadratische Funktionen. Die drei großen Themengebiete der Sekundarstufe II sind die Differential-, Integralrechnung und Exponentialfunktionen die ein hohes Maß an Funktionalem Denken voraussetzen, welche in der Sekundarstufe I vorbereitet wurde.

(vgl. RLP Mathematik Sekundarstufe II)

5. Verlauf der gehaltenen Seminarsitzung

Struktur		Unterrichtsschritte/ Inhalte/ Teilziele	Unterrichtsform	Unterrichts-mittel
E0	5 min.	Begrüßung, Aufbau, Themenbekanntgabe →Motivation, Transparenz	Vortrag	-
H1	30 min.	Stationsarbeit HISTORIE DER FUNKTIONEN →Kennenlernen der historischen Verwendung	Einzelarbeit	Stationenzettel, Zirkel, Lineal
H2	10 min.	Präsentation der Ergebnisse → Merkmale der Epochen	Präsentation	Ggf. Tafel
D1	15 min.	Diskussion: Vergleich der Merkmale von Stationsarbeit und Hausarbeit →Erkenntnisgewinn, Herausstellen der Unterschiede, Ergenissicherung	Offene Diskussionsrunde	Tafel
D2	5 min.	Vergleich der Hausaufgaben untereinander →Sensibilisierung bzgl. Aufgabetypen	Offene Diskussionsrunde	-
V1	20 min.	Funktionen und Funktionales Denken – Heute → Einblick in die historische Veränderung	Vortrag	Präsentation
S1	15 min.	Diskussion: Einsatzmöglichkeit der historischen Entwicklung → Abschlussreflexion	Offene Diskussionsrunde	-

6. Resümee der gehaltenen Seminarsitzung

Da es zwei Hauptseminare gibt, wurde die Seminarstunde über Funktionen und Funktionales Denken an zwei aufeinanderfolgenden Tagen gehalten. Im Folgenden wird zuerst auf die Abschnitte eingegangen, die in beiden Seminarsitzungen ähnlich – zumindest vergleichbar - abliefen. Aufgrund der Tatsache, dass die Diskussionen in den jeweiligen Seminaren in komplett andere Richtungen führten, wird dies am Ende miteinander verglichen.

In der Diskussion nach der Stationsarbeit wurde die Hausaufgabe mit einbezogen. Als Impuls sollten die Teilnehmer Unterschiede zwischen den Aufgaben der Hausaufgabe und den in der Stationsarbeit herausgearbeiteten Merkmalen in einem offenen Unterrichtsgespräch aufzeigen. Hierfür wurde an der Tafel eine Tabelle gezeichnet, in der die Unterschiede zwischen historischer und heutiger Verwendung des Funktionsbegriffs eingetragen wurden. Die Tabelle der ersten Gruppe sah wie folgt aus (vgl. Grafik 1):

Unterschiede zwischen	
Historischer Verwendung	Heutiger Verwendung
- Beschreibung	- Berechnung
- Problemlösung	- Kurvendiskussionen
- Verständnisorientierung	- Math. Ausdrücke für physikalische Ereignisse
	- Kalkülorientierung

Hierbei wird ersichtlich, dass sich dem Ziel der Seminarstunde angenähert wurde. Grob umrissen wurde nämlich festgestellt, dass die heutigen Merkmale darauf schließen lassen, dass Funktionen eher als Untersuchungsobjekt angesehen werden, dass hierbei Vorschriften angewendet werden und es sehr kalkülorientiert ist. Im Vergleich dazu wurden früher mit der Hilfe von Funktionen vor allem Probleme gelöst.

Wie schon beschrieben, kam in der zweiten Sitzung zu keinem derartigen Ergebnis. Auf den gleichen Impuls hin wurde angemerkt, dass kein großer Unterschied zwischen den beiden Verwendungen aus der eigenen Schullaufbahn erkennbar sei. In der Reflexion über die Stunde fiel auf, dass vor allem zwei Mitstudenten die Wortführer in der Seminargruppe bildeten. Beide waren fest davon überzeugt, dass auch im heutigen Schulunterricht das Verständnis von Funktionen vor allem auf Problemlösen zielt. Trotz mehrmaligen Nachfragens konnte kein anderer Student zu einer anderen Meinung bewegt werden, weshalb eine richtige Diskussion nur zwischen den Referenten und den zwei Kommilitonen stattfand. Rückblickend verlief diese nicht sehr ertragreich, da beide Teilnehmer auf dem Standpunkt beharrten und nicht gewillt waren, die Impulse als solche anzunehmen.

Der Vortrag beinhaltete die Schwerpunkte wie in Kapitel 4 genannt. Einzelne Stichpunkte der Präsentation wurden näher erläutert, bei anderen Stichpunkten wurden Rückfragen aus dem Plenum gestellt, wobei kleinere Diskussionen entstanden. Bei diesen Diskussionen waren vor allem der Referent und die Dozentinnen beteiligt, jedoch beteiligten sich auch die Kommilitonen nach der Rückfrage und dem Diskussionsbeginn rege. Dies verlief in beiden Stunden ähnlich, wobei die Rückfragen und Diskussionen auf anderen Stichpunkten und Schwerpunkten aufbauten.

In der Abschlussreflexion der zweiten Gruppe, die der Meinung war, dass Funktionen in der Schule als Werkzeug zum Problemlösen eingesetzt werden, konnte trotzdem ein Ergebnis gesichert werden. Auf die Frage, welche Einsatzmöglichkeiten und welchen Nutzen ein etwaiger Exkurs beziehungsweise Einbezug der historischen Entwicklung in den Mathematikunterricht haben könnte, war der Konsens, dass es sich sehr wohl lohnt, die Entwicklung mit den Schülern an einigen Stellen zu bearbeiten. Erhofft wurde sich dadurch ein breiteres Verständnis des Zusammenhang-/Funktionsbegiffs. Dieser wird in der Sekundarstufe II vor allem mit Kurvendiskussionen verknüpft. Dahingehend liegt die Aufgabe der Lehrkraft schon in der Sekundarstufe I darin, an geeigneten Stellen historische Exkurse einzubringen.

7. Literaturverzeichnis

Hilbert, A (1982): Wir wiederholen Funktionen. VEB Fachbuchverlag Leipzig, Leipzig

RLP Mathematik Sekundarstufe I

RLP Mathematik Sekundarstufe II

Vollrath, H.J. (1979): Didaktik der Algebra. Stuttgart, Klett

Internetquellen:

Vollrath, H.J. (1989): Funktionales Denken, Journal für Mathematikdidaktik 10, 3-37 auf: http://www.didaktik.mathematik.uni-wuerzburg.de/history/vollrath/papers/052.pdf   (letzter Zugriff: 13.05.15)

8. Anhang

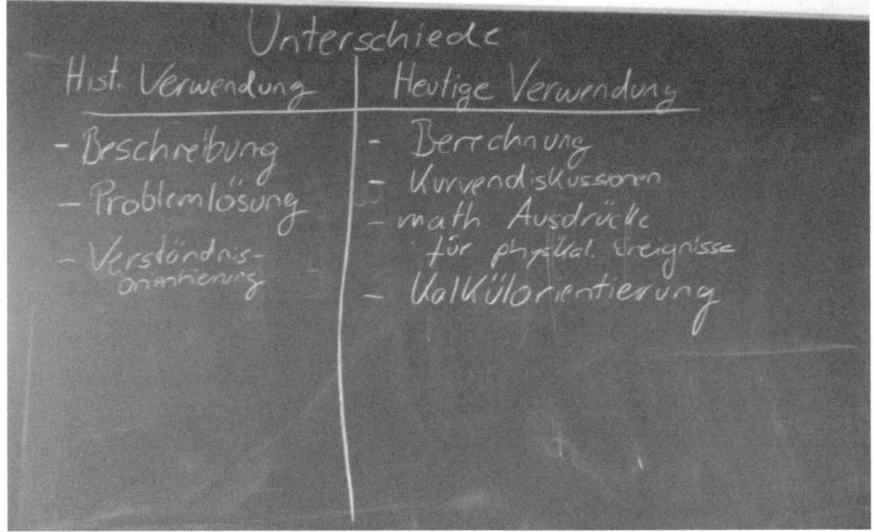

Grafik 1: Ergebnissichernde Tabelle der ersten Gruppe (eigene Aufnahme aus der Stunde)